BEI GRIN MACHT SICH IHR WISSEN BEZAHLT

- Wir veröffentlichen Ihre Hausarbeit,
  Bachelor- und Masterarbeit

- Ihr eigenes eBook und Buch -
  weltweit in allen wichtigen Shops

- Verdienen Sie an jedem Verkauf

Jetzt bei www.GRIN.com hochladen und kostenlos publizieren

Johannes Schulz

Erdöl – Antrieb für Wirtschaft und Konflikte

GRIN Verlag

Bibliografische Information der Deutschen Nationalbibliothek:

Die Deutsche Bibliothek verzeichnet diese Publikation in der Deutschen National-
bibliografie; detaillierte bibliografische Daten sind im Internet über http://dnb.d-
nb.de/ abrufbar.

Impressum:

Copyright © 2008 GRIN Verlag GmbH
Druck und Bindung: Books on Demand GmbH, Norderstedt Germany
ISBN: 978-3-640-16457-8

Dieses Buch bei GRIN:

http://www.grin.com/de/e-book/115031/erdoel-antrieb-fuer-wirtschaft-und-konflikte

GRIN - Your knowledge has value

Der GRIN Verlag publiziert seit 1998 wissenschaftliche Arbeiten von Studenten, Hochschullehrern und anderen Akademikern als eBook und gedrucktes Buch. Die Verlagswebsite www.grin.com ist die ideale Plattform zur Veröffentlichung von Hausarbeiten, Abschlussarbeiten, wissenschaftlichen Aufsätzen, Dissertationen und Fachbüchern.

Besuchen Sie uns im Internet:

http://www.grin.com/

http://www.facebook.com/grincom

http://www.twitter.com/grin_com

Technische Universität Dresden

Philosophische Fakultät

Institut für Geschichte

Hauptseminar: „Gefahren für den Frieden im 21. Jahrhundert"

Sommersemester 2008

Erdöl – Antrieb für Wirtschaft und Konflikte

Vorgelegt von:

Johannes Schulz

LA MS Ge/Ge6 (7. / 9. Semester)

Abgabedatum: 18.06.2008

Erdöl – Antrieb für Wirtschaft und Konflikte

Inhalt:

1.   Erdöl, der Rohstoff des Jahrhunderts

Wir leben im 21. Jahrhundert. Wir leben in Europa. Die Zeit in dieser Region der Erde und anderen entwickelten Staaten ist geprägt von nie da gewesenem Wohlstand. Unsere Wirtschaftsleistung benötigt einen ständigen jährlichen Zuwachs, um dem Erhalt unseres geliebten Lebensstandarts gerecht zu werden. In nahezu allen Wertschöpfungsketten verwenden wir – dass heißt alle Menschen, die mit der Herstellung und dem Verbrauch von Gütern und Dienstleistungen in Industriestaaten in Verbindung stehen – fossile Rohstoffe um die dazu notwendige Energie bereit zu stellen. Mithilfe dieser Energie erhöht der Mensch seine eigene Produktivität um ein Vielfaches.

Der weitaus wichtigste Energieträger ist derzeit Erdöl mit einem Anteil von 36,4 Prozent am Primärenergieverbrauch daher gilt Erdöl auch als Schmiermittel der Wirtschaft. Absolut lösen sich pro Sekunde 1000 Fässer Öl in Rauch auf, was einem Weltverbrauch von 83 Mio. Barrel/d entspricht[1]. Die Welt, insbesondere die industrialisierten Staaten benötigen für den Erhalt ihres Wirtschaftswachstums Unmengen von dem schwarzflüssigen Gold.

Dabei steigt der Verbrauch abgesehen von kurzen Unterbrechungen in den 70ern seit Beginn der Industrialisierung stetig an. Damit verbunden gibt es ein ganzes Spektrum an Nebenwirkungen, auf die in diesem Beitrag nicht alle eingegangen werden soll. In erster Linie unberücksichtigt bleiben die ökologischen Auswirkungen, sei es in den Förderstaaten, sei es auf Transportwegen oder sei es durch die klimawirksamen Folgen der Verbrennung dieses Rohstoffs. Alle verursachen nachhaltige Schädigungen der Umwelt und sähen neues Konfliktpotenzial, das uns insbesondere bei den klimatischen Folgen noch nicht direkt betrifft. (z.B. Klimaflüchtlinge) Die negativen Folgen, denen mein Interesse gilt haben mit den Förderländern auf der einen Seite und den konsumierenden Ländern auf der anderen Seite. Nur wenige Länder schaffen den Spagat zwischen eigener Förderung und Wirtschaftskraft. Die USA und Norwegen haben den volkswirtschaftlichen Strukturwandel entsprechend zeitig hinter sich gebracht, so dass diese Länder schon eine Industrie hatten, als die Ölförderung begann. Interessanterweise ist der Rohstoff Öl für die beiden angesprochenen Seiten ein Fluch. Drei Golfkriege, 4 Israelisch-Arabische Kriege, mannigfaltige Bürgerkriege wie in Nigeria oder

---

[1] Daten von 2005

2

Sudan, Gewaltandrohungen, Staatsstreiche (Venezuela) und die Unterstützung der übelsten Diktatoren: Öl generiert seit einem knappen Jahrhundert immer wieder Konflikte. Warum das so ist, und wie sich die Konsequenzen für die jeweiligen Seiten – Produzenten und Konsumenten – bemerkbar machen, soll im Zentrum der folgenden Ausführungen stehen.

2. Der Fluch der Industrieländer

Für Industrieländer ist Öl ein Lebenselixier. Mit anderen Worten sind die Staaten abhängig von diesem und anderen Rohstoffen. Je nach der Quantität der eigenen Reserven ergeben sich verschiede Schwierigkeiten, die in Zukunft eher noch größer werden. Ein Problem ist, dass das Öl nicht unbegrenzt zur Verfügung steht, während die weltweite Nachfrage stetig wächst und sich den technischen Innovationen und Investitionen unterliegenden Produktionskapazitäten längst angenähert hat.

Eine dritte Komplikation besteht darin, dass die knappen Ressourcen in der Mehrzahl auf Staaten verteilt sind, in denen sie nicht verbraucht werden. Als Synonym für diese Problematik verwendet man den Terminus „holländische Krankheit", nach einem Beispiel aus den 70ern. Aber der Reihe nach.

Es handelt sich vielfach um Krisenregionen, die eine empfindliche Achillessehne der Weltwirtschaft darstellen.

a) Endlichkeit der Ölförderung

Öl ist ein endlicher Rohstoff. Im Jahr 2005 bestand das Gesamtpotenzial[2] aus 387 Gigatonnen, wobei allein 200 Gt auf die OPEC entfallen. Vom Gesamtpotenzial wurden 143 Gt gefördert (47%)[3]. Diese Angaben allein können reichen allerdings nicht aus, um den viel beschworenen Peak Oil zu datieren. Der Peak Oil beschreibt den Zeitpunkt, an dem die Hälfte des Weltweit verfügbaren Öls verbraucht wurde. Es ist rein spekulativ, wann das der Fall sein

---

[2] d.h. die Summe aus bereits gefördertem und nicht gefördertem nutzbaren Öl, das bis diesem Zeitpunkt exploriert wurde.
[3] Follath S.319

wird bzw. war, denn diese Angaben schwanken von Quelle zu Quelle erheblich und das aus mehreren Gründen. Relativ sicher kann man diesen Zeitpunkt aber in spätestens 10 bis 20 Jahren erwarten[4], ohne sich zu weit aus dem Fenster zu lehnen. Ab diesem Moment wird es einen sukzessiven Rückgang der Förderung geben, zumindest wird dies einstimmig in der Forschung postuliert.[5] Für diesen Fall sind die Verbraucherstaaten im Zugzwang, ihre Energiewirtschaft umzustrukturieren. Sollte es zu einem raschen Einbruch der Förderung kommen, was unverantwortliches Handeln der OPEC voraussetzt, kann die notwendige Umstrukturierung nicht analog erfolgen, was schwerwiegende Folgen nach sich ziehen würde.[6]

Die IEA formuliert zu erwartende Steigerungsraten der Ölproduktion indem sie die bisherigen Förderzuwächse extrapoliert. Diese Methode setzt voraus, dass die Exploration in Dimensionen fortgesetzt wird, die nicht realistisch sind.

Die weltweite Exploration ist seit 1980 unter den jährlichen Verbrauchszuwachs gesunken[7], dennoch werden permanent neue Quellen entdeckt, wie jüngst in Brasilien. Die Hochrechnungen gehen demnach von einer Fortsetzung der Explorationserfolge aus.

Neue Explorationsmethoden oder Investitionen[8] in diesem Bereich können unvorhergesehen das Gesamtpotenzial erhöhen. Daneben bieten bis jetzt aufwendige und deshalb bislang unwirtschaftliche Fördermethoden die Möglichkeit, Nutzöl aus Ölsanden und Ölschiefern zu gewinnen. Diese Reserven könnten sehr bald aktuell werden, wenn die stetig steigende Entwicklung des Ölpreises anhält.

Ein Unsicherheitsfaktor sind nicht zuletzt die Angaben der Förderländer zu ihren Reserven. Es ist wahrscheinlich, dass die genauen Daten nicht offen gelegt werden. Zu hoch ist die strategische und preispolitische Zweckmäßigkeit von überhöhten Zahlen.

b) Nachfrage steigt zu schnell

---

[4] Ebd. S.319
[5] Die USA hatten ihren Peak Oil wie die meisten Ölländer dieser Erde schon längst überschritten. „In den USA geht die jährliche Förderquote bereits seit 1959 kontinuierlich zurück. In Großbritannien, das ebenso wie Norwegen erst nach der Ölpreiskrise der siebziger Jahre und dank der Entdeckung von Ölfeldern in der Nordsee zu einem Ölförderstaat wurde, war Peak Oil 1999 erreicht." Siehe Zumach S.125
[6] Die Möglichkeit für dieses Szenario sehe ich schon gegeben, da die Entscheidungsträger insbesondere in den wenig entwickelten Förderländern mehr auf den schnellen und kurzfristigen Reichtum setzen, ohne Risiken für kommende Generationen einzukalkulieren. Die Verantwortung wird deutlich, wenn man bedenkt, was eine rasche weltweite Verknappung auf dem Ölmarkt bedeuten würde. Schon jetzt erfolgt weltweit eine Verzahnung von Wirtschafts- und Militärstrategischen Überlegungen, der bei einem solchen Kollaps keine entschärfenden Alternativen gegenüber stehen würden.
[7] Zumach S.125
[8] „Gegenwärtig fördern die OPEC nach Angaben der Organisation 32,4 Mio. Barrel pro Tag. Um die steigende Nachfrage zu befriedigen, investiert das Kartell bis 2012 etwa 160 Mrd. US-Dollar in 120 Projekte. Bis dahin soll die Förderkapazität um über 5 Mio. Barrel im Vergleich zu 2007 erhöht werden." http://www.n-tv.de/Opec_aeusserst_besorgt_Furcht_vor_IranEffekt/100720083818/992308.html

Reziprok zu den zu erwartenden Förderungsraten verhalten sich die Veränderungen auf der Verbraucherseite. Auf den ersten Blick mag das fahrlässig erscheinen. Doch für besonnene politisch Entscheidungen ist in der Wirtschaft kein Platz[9], solange sie das maximal mögliche Wirtschaftswachstum beeinträchtigen.

Im Jahre 2003 lag der täglicher Verbrauch bei 80 Mio. Barrel. Ein Viertel davon geht auf das Konto der USA. Mit China (6 Mio.), Japan (5,5 Mio.) und Deutschland (2,7 Mio.) waren diese 5 Staaten 2003 die Hauptverbraucher.

Die IEA geht für 2010 von einem Verbrauch von 90 Mio. Barrel und 2030 von weltweit 115 Mio. Barrel aus[10]. Diese Zuwächse werden maßgeblich von dem enormen Wirtschaftswachstum der sich neu entwickelnden großen Volkswirtschaften China und Indien vorangetrieben. Indien hat zwischen 1970 und 2000 einen Zuwachs von 300% hinter sich. Chinas Ölhunger hat sich von 2000 bis 2003 von 3 auf 6 Mio. Barrel verdoppelt und wird 2030 mehr als 12 Mio. Barrel benötigen. Bei einem Wirtschaftswachstum von über 10 Prozent ist auch in den nächsten Jahren mit steigenden Importen zu rechnen.[11] Es ist allgemein bekannt, dass der pro Kopf Konsum an Erdöl in den USA derzeit am höchsten liegt.[12] Würde jeder Chinese diesen Lebensstil verfolgen, würde die heutige Produktion von 80 Millionen Barrel nicht ausreichen, nur um Chinas tägliche Ration Öl (gedachte 88 Mio. B/d) zu gewährleisten.

Inwiefern das Wirtschaftswachstum aufrechterhalten werden kann hängt nicht zuletzt von der Verfügbarkeit von Öl ab, denn die Kohlereserven des Landes werden nicht ausreichen.[13]

---

[9] Wenige Ausnahmen sind Länder wie Norwegen die VAE. Norwegen setzt zum Beispiel auf einen Energiefond, in die die Einnahmen aus dem Ölgeschäft fließen, um den erwarteten Kollaps abzupuffern und für nachfolgende Generationen vorzusorgen. Außerdem begünstigt Norwegen die Umstrukturierung durch die künstliche Erhöhung des Ölpreises im Land, obwohl es dies nicht nötig hätte.
Die Vereinigten Arabischen Emirate setzen als Förderland schon jetzt auf eine Umstrukturierung (Diversifikation) der Wirtschaft, um ebenfalls die Folgen des Förderrückganges gering zu halten. Die Bereiche Bau, Tourismus und auf finanzstarke Bevölkerungsschichten spezialisierte Dienstleistungen expandieren in zweistelligen Raten.
[10] „Laut Al Badri wird die Nachfrage nach Rohöl wird trotz steigender Preise bis zum Jahr 2030 von gegenwärtig rund 85 Mio. Barrel um jährlich rund 1,3 Mio. Barrel auf 113 Mio. Barrel pro Tag wachsen"
http://www.n-tv.de/Opec_aeusserst_besorgt_Furcht_vor_IranEffekt/100720083818/992308.html
[11] „Nur ein hohes Wachstum von mindestens 8% garantiert der Führung innenpolitische Stabilität" siehe Seifert S. 209 und Follath S.29
Mit den Steuereinnahmen können so Arbeits- und Sozialprogramme umgesetzt werden.
[12] Grech, Alain u.a. (Hgg.): Le Monde diplomatique. Paris 2006
[13] Zunächst setzt China aber auf Kohle, um relative Unabhängigkeit von Öl zu bewahren. Zwischen 2003 und 2012 wird China zusätzlich 562 Kohlekraftwerke ans Netz nehmen und den Ausbau der Kernenergie so vorantreiben, dass China 2012 Weltweit führend in diesem Gebiet sein wird
vgl. Seifert S.209 f.

Rund drei Viertel aller Ölvorräte der Welt liegen in den OPEC Staaten. Gerade aber in diesen Staaten sind die Förderkapazitäten mit 32 Mio. Barrel / d im Jahr 2007 nahezu ausgeschöpft. "Die OPEC wäre absolut nicht in der Lage, die Öllieferungen des Iran auszugleichen", betonte OPEC Generalsekretär Abdalla al Badri für den Fall eines militärischen Angriffs. [14] Der Iran ist unter den OPEC das einzige Land, welches seine Förderung aus technischer Sicht noch signifikant von derzeit 4 auf bis zu 7 Mio. Barrel steigern könnte, ganz abgesehen von den bislang ungenutzten riesigen Gasreserven des Landes.[15] Von den nicht OPEC Staaten können Brasilien, Russland und der Raum um das kaspische Meer ihre Produktion noch steigern. Für Russland sollte dies in den nächsten 10 Jahren jedoch nicht ohne weiteres gehen, da hier aufgrund hoher Korruption kaum Gelder in den Ausbau der Infrastruktur und die Fördertechnik geflossen ist.

Gerade Staaten mit globalen geopolitischen Ambitionen werden durch ihre schwarzflüssigen Rücklagen strategisch an Bedeutung stark zulegen. Von Russland und Iran weiß man, dass diese auch bereit wären, diese Position auszunutzen.

Laut den Szenarien der IEA müssen Saudi-Arabien und der Irak ihre Produktion bis 2030 auf 50 Mio. Barrel / d verdoppeln, um die steigende Nachfrage zu befriedigen, während Kuwait, die V.A.E., Kater und der Iran stagnieren werden oder die Förderung reduzieren. Diese beiden Länder gelten also als Producers of last Resort, da deren Reserven den größten Teil sämtlicher Vorräte am persischen Golf einnehmen.

Das Spielfeld für das Ölpoker wird nach und nach übersichtlicher, da Exporteure wie Mexiko, Großbritannien, Dänemark, Norwegen und andere Produzenten wie die USA oder China, die dennoch importabhängig sind und ihre Produktion mangels Reserven drosseln müssen.

Auf dem Energiemarkt sieht es angespannt aus. Nachdem der Ölpreis in den letzten Jahren einen Rekord nach dem nächsten aufstellt sieht der Sprecher der OPEC al Badri Entspannung voraus. Schuld seien allem voran die Spekulanten, welche bis zu einem Viertel des Preises ausmachten. "Die vorhandenen Marktbedingungen geben überhaupt keinen Anlass für steigenden Preise"[16], so Badri. Preistreiber sind die rasant gestiegene Nachfrage, die Dollarschwäche, das heutzutage immer nötigere teure Equipment, geopolitische Risiken,

---

[14] http://www.n-tv.de/Opec_aeusserst_besorgt_Furcht_vor_IranEffekt/100720083818/992308.html 10.Juli 2008
[15] Das ist einer der Gründe, warum der Iran bei der Energieversorgung eine zukünftige Schlüsselrolle spielen könnte. Während China die Beziehungen in das Land ausbaut, isoliert der Westen das Land wirtschaftlich und politisch.
[16] Ebd.

Wetterkapriolen und die Spekulanten. An der Börse wird der Preis ist durch Gier und Angst vor politischer Instabilität und drohenden Konflikten beflügelt.

Ein wichtiger Preistreiber wird häufig übersehen und wurde in den letzten Jahren oft unterschätzt. Das rasante Wachstum der Entwicklungsländer allen voran die großen Volkswirtschaften China und Indien bedingt etwa 2030 die Ablöse der USA als Hauptkonsument von Erdöl[17]. Auf Asien gehen 50 % des gesamten Energiezuwachses zurück aber auch im Westen wird der Energiebedarf weiter steigen.

c) Industrienationen am Tropf

Um das Wachstum in Gang zu halten, muss die Versorgung abgesichert werden. Im 21. Jahrhundert sind die Länder der OECD und entwickelte Länder Ostasiens auf Importe angewiesen, da eigene Reserven nicht vorhanden, oder nur noch einen Teil des Bedarfs abdecken können. Japan ist mit 100% Importen Spitzenreiter, gefolgt von der EU mit 70% im Jahr 2015 und 90% bis 2030, den USA mit 65% und China mit 55% (2010). Indiens rasantes Wachstum wird bis zum Jahr 2030 zu einer neunzigprozentigen Abhängigkeit führen.[18]

Diese Entwicklungen bereiten ein kompetitives Umfeld im Streben nach Versorgungssicherheit. Für importabhängige Länder wird die Energieversorgung, wie es in den USA schon Tradition ist, zu einem integralen Bestandteil der Außenpolitik.

„In welcher Weise geopolitische Faktoren die Verfügbarkeit und die Verlässlichkeit der weltweiten oder regionalen Energieversorgung beeinflussen werden, wird im Wesentlichen von der Politik der Supermacht USA und anderer regionaler Mächte (Insbesondere China, Indien, Japan, EU und Russland) sowie von der innenpolitischen Stabilität der Erdöl und Erdgas produzierenden Staaten und der Transitstaaten abhängen"[19]

Der Verteilungswettbewerb wird umso härter ausgetragen werden, je weniger die weltweite Produktion, insbesondere der Producers of last Resort der Nachfrage gerecht werden kann.

---

[17] Zumach S.203
[18] Zumach S.204
[19] Ebd. S.209
Zitiert nach „Die Sicherheit der internationalen Energieversorgung: außen- und sicherheitspolitische Herausforderungen nach dem 11. September 2001" von Stormy Mildner und Frank Umbach, Deutsche Gesellschaft für Auswärtige Politik, 2002.

Das Streben nach Energieversorgungssicherheit wird die geopolitische Landschaft der kommenden Jahrzehnte verändern.

Die rasch wachsende Importabhängigkeit der ostasiatischen Großmächte von der Erdölproduktion des Mittleren Ostens (2/3 der Exporte werden 2020 nach fernost gehen) dürfte in Folge der daraus resultierenden langfristigen Interessen an politischer Stabilität das Engagement dieser Mächte in den Krisenregionen ankurbeln.

3.   Der Fluch der Exportnationen

a) Der Midas Fluch

Bevor wir den Blick zurück auf die Abnehmerstaaten lenken und einige Großmächte in ihrem Konfliktfeld Versorgungssicherung beleuchten, sehe ich es als notwendig, den Missständen der Erzeugerländer einen Stellenwert in der globalen Rangordnung der potenziellen Gefahren im 21. Jahrhundert einzuräumen. Diese sind nach der Bedrohlichkeit für unsere Maßstäbe gering einzuschätzen, weil die Reichweite der vielfach regional begrenzten Konflikte unserer Aufmerksamkeit entbehrt. Eine Argumentation, welche das Unrecht in den Krisenregionen auch für hiesige Verhältnisse in den Mittelpunkt rücken kann, baut auf den Bedürfnissen nach konstanten Lieferungen, um das wirtschaftliche und damit eng verbundene politische Gleichgewicht bei den Verbrauchern zu bewahren.

Auf den ersten Blick sind jene Länder, welche Öl exportieren mit Reichtum gesegnet. Der Öl-Scheich oder die Oligarchen aus den GUS Staaten repräsentieren den Überfluss medienwirksam. Problemregionen sehen anders aus? 90% der Terroristen vom 11. September kamen aus Saudi Arabien. Nur ein hauchdünner Teil der Menschen in den Ländern profitiert von den Gewinnen.[20] Die Anhängerschaft Bin Ladens wächst infolge der Arbeitslosigkeit und dem unzureichenden Bildungssystem.

Im Sudan und Nigeria, zwei Länder, deren Hauptwirtschaftszweig aus dem Ölexport stammt, sind Schauplätze von Menschenrechtsverletzungen, die von der UN noch nicht einmal abgestraft werden (können). Die Meisten dieser Regime, werden diktatorisch regiert. Das Bruttoinland-Produkt dieser Länder liegt in einer Weltabgewandten Grauzone, denn das Zusammenwirken von vielen Faktoren, ausgehend vom Öl, führt diese Staaten und Menschen in ein Dilemma.

Zu Beginn stehen häufig Ölfunde. Ausländische Investoren lassen nicht lange auf sich warten und es beginnt das, was unter den Termini „Ressourcenfalle", „Midas-Fluch" und „Holländische Krankheit" subsumiert wird.

In Holland führte der massive Export von Erdgas in den 60ern zu einem Anstieg der Wechselkurse, was sich negativ auf die exportorientierten Industrien und anderer Branchen auswirkte, welche Absatzschwierigkeiten durch die Aufwertung der eigenen Währung erfuhren.

In zweiter Konsequenz werden aber die Importe verbilligt eingeführt, insbesondere bei Nahrungsmitteln wird dieser Effekt ausgenutzt. Letztendlich fließt das Kapital dem produzierenden Gewerbe ab und die Menschen geraten in eine tiefe Abhängigkeit ihrer Ölexporte und der Nahrungsmittelimporte.

„Zwischen 1981 und 2001 fiel das Pro-Kopf-Einkommen [der Gulf Cooperation Council[21]] von 18 000 auf 6000 Dollar"[22]

b) Rohstoff-Diktaturen

Die internen Spannungen dieser Länder bestehen aber nicht ausschließlich in der verschobenen Wirtschaftsstruktur. Nach einer Studie von Paul Collier[23] hat die

---

[20] Dieser Wohlstand ist extrem ungleich verteilt. Beispiel Saudi Arabien: „Rund zehntausend Prinzen erhalten Zahlungen zwischen achthundert und 270000 Dollar im Monat – der Rest geht leer aus."
Seifert S.188 f.
[21] Golf-Kooperationsrat bestehend aus Bahrain, Katar, Kuwait, Oman, Saudi-Arabien, V.A.E.
[22] Seifert S.190
„Der damalige venezolanische Ölminister Perez Alfonzo sagte 1973, als die OPEC-Regierungen höhere Ölerlöse erzielten als jemals zuvor: „Öl wird uns in den Ruin führen […] Öl, das sind die Tränen des Teufels […] Sie werden schon sehen." S.188 zitiert nach

9

Ressourcenverfügbarkeit in einem Land signifikante Auswirkungen auf das Bürgerkriegsrisiko: In durchschnittlichen Entwicklungsländern liegt dieses bei 14%. Dieser Wert setzt sich aus zwei Extremen zusammen. Ohne jegliche Exporte unverarbeiteter Erzeugnisse liegt diese bei 0,5% während 22% für einen Staat prognostiziert wurden, in dessen BIP ein drittel durch Rohstoffexporte erzeugt wird. Die Ursache dafür liefert den Schlüssel für das folgende Übel.

Ein Beispiel, das ich stellvertretend für den nicht entwickelten Raum Afrika heranführen will, ist der Sudan. 1999 bekam der alte seit 1956 während ethnische Konflikt zwischen dem fundamentalistisch-islamischem militärisch geprägten nördlichen und religiös traditionellen südlichen Teil des Landes neuen Zündstoff. Ölfunde im Süden, die durch eine Pipeline 400 Mio. $/a generieren. Der Norden betreibt eine „Politik der verbrannten Erde", nach welcher die Menschenvertreibung aus potentiellen Öl-Fördergebieten in großen Stil vorangetrieben wurde. Während Ölfirmen beide Augen vor der „Säuberung" ganzer Regionen zudrücken, und auf den Gewinn aus ihren Riskanten Einlagen hoffen, kann der Weltsicherheitsrat kaum eingreifen. Die Interessensphären des Völkerrechtes sind nur bei Einstimmigkeit durchzusetzen, was bei dem Ölhunger von China als Hauptinvestor der Region nicht verwundert. Chinas Außenpolitik (am stärksten wachsendes Rüstungsetat weltweit[24]) ist von Rohstoffinteressen so stark geprägt, dass es auf Völkerrecht keine Rücksicht nimmt und das Land, welches 80% seiner Einkünfte in chinesische Waffen investiert, gegen UN-Sanktionen schützt.

Bleiben wir beim Öl, dessen Exporterlöse fast immer auf wenige Personen verteilt sind. Diese Tatsacht fördert die innerstaatlichen Ungleichgewichte ebenso wie die Wut auf die Machthaber, welche in der Regel gleichzeitig auch Empfänger der Exporterlöse sind.
Die Machthaber sind jedoch nicht im Geringsten auf das Wohlwollen der Bevölkerung angewiesen. Sie verhalten sich pro westlich und genießen den Schutz der USA bzw. verhalten sich gen Osten gewandt und deren Regierungen werden von den betreffenden Empfängerländern in weitestem Sinne gestützt. Ein Machtwechsel ist für die Ölimporteure Riskant, da ein neuer Herrscher ungewissen wirtschaftspolitischen Präferenzen nachkommt.

---

[23] Siehe Seifert S.171
[24] Gresh, Alain u.a. (Hgg.) Le Monde diplomatique. Paris 2006

Die Masse der Öl exportierenden Entwicklungsländer wie Nigeria, Sudan oder Saudi-Arabien sind keine Demokratien. Die Regierungen sind durch die Öleinkünfte so reich, dass die Besteuerung kaum ins Gewicht fällt. Und ohne Steuern gibt es kein Parlament, oder einfacher: „No representation without taxation", so Michael L. Ross[25]. In den Vereinigten Arabischen Emiraten machen Steuereinnahmen nur 1,8% und in Kuwait nur 3,4% des BIP aus.[26] „Die geringen Steuersätze geben den arabischen Bürgern keinen Anreiz, zu hinterfragen, was ihre Regierungen mit ihrem Geld anstellen"[27]

Einen Kleinigkeit davon wird für das Waffenarsenal und die Armee verwendet, was Seifert als den „Repressions-Effekt" bezeichnet. Die Argumentation der Gewalt unterdrückt die oppositionellen Kräfte im Land mittels Folter, Todesstrafe und der Unterdrückung von Minderheiten.

Neben der Opposition sind potenzielle Bürgerkriege, welche in der Zentralisierung der Öleinkünfte idealen Nährboden finden, eines der Hauptprobleme für die Stabilität der Diktaturen. Es soll nicht unerwähnt bleiben, dass sich Ölfirmen an der Finanzierung der Truppen beteiligen, um die Gelegenheit auf exklusive Förderkonzessionen wahrnehmen zu können.[28]

Der größte und eindrucksvollste Militärapparat obliegt aber den Regierungen, welche Milliarden in die Rüstung investieren und sich nach Innen und Außen absichern. Saudi-Arabien hatte 2004 einen Rüstungsetat von 19,3 Mrd. $[29], was dem von Russland entspricht. Die westlich orientierten Staaten kaufen aus Europa (Deutschland, Österreich, Frankreich) und den USA Raketen, Kampfflugzeuge und Panzer. Die Waffenlobby unterhält ein undurchdringliches Geflecht aus Beziehungen zwischen Rüstungsfirmen, Mittelsmännern und den Regierungen, die mittels Kommissionszahlungen den Waffenhandel mit den Golfstaaten katalysieren. Das Haltbarkeitsdatum der gelieferten Waffen übersteigt die politische

---

[25] http://www2.ids.ac.uk/gdr/cfs/pdfs/Ross.pdf "Does Taxation Lead to Representation?"
Michael L. Ross: "Does Oil hinder Democracy?" In: World Politics 53. 2001. S.325-316
Internet: http://www.sscnet.ucla.edu/polisci/faculty/ross/doesoil.pdf

[26] Seifert S.163
[27] Ebd. S. 165 ff.
[28] Michael Ross: „Natural Resources and Zivil War: An Overview" 2003
Internet: http://www.polisci.ucla.edu/faculty/ross/WBpaper.pdf

Im Kongo erhielt Sassou-Nguesso 1997 150 Mio. Dollar für den Verkauf von zukünftigen Öl-Förderrechten an Elf-Aquitaine (Total), der seine Miliz gegen die Regierungstruppen einsetzte.

[29] Zwischen 1988 und 2003 erhielt Saudi Arabien insgesamt Waffen im Wert von 118,3 Mrd. $, während die anderen Staaten mit 56 Mrd. $ einen nicht unerheblichen Input erhielten.

Kontinuität der „Freundschaft" in der Regel bei Weitem, wie schon in Afghanistan, dem Irak oder dem Iran deutlich wurde.

So verbessert das US Militär seine militärischen Optionen im Golf effektiv und vergleichsweise billig, da die Waffen leicht in die US Militärmaschinerie integrierbar sind. Neben der strategischen Entlastung[30] verbessern der Handel mit Waffen die Außenhandelsbilanz der USA, worauf noch eingegangen wird. Für die Empfänger bedeutet der Besitz von gewaltigen Waffenarsenalen nicht zuletzt Prestige.

4.   Globales Konfliktfeld – Öl

Die derzeitige geopolitische Situation ist um ein vielfaches komplizierter als sie es noch vor dem Fall des Eisernen Vorhanges war. Mannigfaltige Kriege und Konflikte wurden seit Mitte der 90er auf dem ganzen Globus ausgetragen.

Nicht alle Konflikte können in Zusammenhang mit Öl gebracht werden, bei den meisten Konflikten bzw. Einmischungen in diese wird der Zusammenhang jedoch geflissentlich verleugnet.

Dennoch besteht neben den primären Kausalitäten[31], die in einem Wettlauf um die bestehenden Ressourcen münden[32], ein indirekter Zusammenhang für die weltweite Präsenz von militärischen Kapazitäten der großen Mächte.

Politische Stabilität in den Förderländern ist ebenso wichtig, wie die Sicherung der Transitrouten zu Meer und Land.

d) USA

---

[30] Die strategische Dimension wird gerade am Golf mehr und mehr an Bedeutung gewinnen, da sich zurzeit alle Großmächte positionieren (Iran bezieht jährlich Waffen für jeweils 4 Mrd. $ aus China und Russland).
[31] Nach dem Prinzip „Eine Hand wäscht die Andere" werden International Verbindlichkeiten gepflegt, die für die Förderländer Schutz und die Importeure vor allem Rohstoffsicherheit beinhalten.
Beispiele sind die Kooperationen zwischen dem Hause Saud und der USA oder dem Engagement Chinas für die Unversehrtheit Sudans.
[32] http://www.uni-kassel.de/fb5/frieden/regionen/USA/energie.html
Klare, Michael T.: Die Militarisierung der US-Energiepolitik / Garrisoning the Global Gas Station Challenging the Militarization of U.S. Energy Policy

Afrika ist derzeit ein hart umkämpftes Terrain unter den Rohstoffabhängigen. Die Strategen der USA sind schon seit längerem damit beschäftigt, auf dem Kontinent Fuß zu fassen. Dazu gehört in der US-Amerikanischen Philosophie (nach Michael T. Klare traditionell bis Präsident Roosevelt zurückreichend) auch militärisches Engagement, so dass die Us-army einem „globalem Ölsicherungsdienst" („a global oil protection service") gleichkomme, der „Pipelines, Raffinerien und Umschlagplätze im Nahen Osten und anderswo bewacht."[33] Dass diese Funktion noch für die nächsten 20 Jahre erhalten bleiben wird, macht ein Bericht des Council on Foreign Relations) 2006 deutlich.[34]

Die wirkliche Absicht der US Invasion des Irak 2003 wurde der einheimischen Bevölkerung deutlich, als das Ölministerium[35] von den vereinigten Streitkräften geschützt und die Krankenhäuser und Bibliotheken der Plünderung ausgesetzt wurden. Hier wie an anderer Stelle wird das Schreckgespenst des Terrorismus für die Legitimierung von Eingriffe in die Integrität anti-westlicher oder instabile Regionen herangezogen, denn die amerikanische Presse hält der Öffentlichkeit vor den wirklichen Motiven[36] lieber beide Augen zu (Propagandamodell) , da ein Präventivkrieg vor der amerikanischen Bevölkerung aus diesen Gründen nicht zu rechtfertigen wäre.

---

[33] Ebd.

[34] "Independent Task Force Report" on the "National Security Consequences of U.S. Oil Dependency" released by the Council on Foreign Relations (CFR) in October 2006. Chaired by former Secretary of Defense James R. Schlesinger and former CIA Director John Deutch, the CFR report concluded that the U.S. military must continue to serve as a global oil protection service for the foreseeable future. "At least for the next two decades, the Persian Gulf will be vital to U.S. interests in reliable oil supplies," it noted. Accordingly, "the United States should expect and support a strong military posture that permits suitably rapid deployment to the region, if necessary." Similarly, the report adds, "U.S. naval protection of the sea-lanes that transport oil is of paramount importance."
http://www.uni-kassel.de/fb5/frieden/regionen/USA/energie.html

[35] Hier liegen Explorationspläne und Karten der Ölfelder
[36] Das Carter Doktrin:
"Jeder Versuch einer fremden Macht, die Kontrolle über die Region am Persischen Golf zu erlangen, wird als Angriff auf die lebenswichtigen Interessen der Vereinigten Staaten angesehen. Jeder Angriff dieser Art wird mit allen Mitteln zurückgeschlagen werden, auch mit militärischen"
Internet: http://www.gegenstandpunkt.com/gs/02/4/carter-x.htm

„Jimmy Carter selbst räumte ein, die Vereinigten Staaten hätten auf absehbare Zeit nicht die militärischen Mittel, die ölreiche Region „allein" zu verteidigen"
DIE ZEIT, 08.02.1980 Nr. 07
Im Internet: http://www.zeit.de/1980/07/USA-Carter-Doktrin-geht-ins-Geld

Die Fortsetzung des geopolitischen Schachspiels gab es 2008 als die Militärstützpunkte der AFRICOM[37], ein militärischer Anker für Afrika, der gleichzeitig auch „den gesamten Fächer des zivilen Engagements von US-Regierung und Nichtregierungsorganisationen (NGO) einbindet", nach Stuttgart kam, um von da aus den Frieden[38] in dieser Region zu sichern.

Neuere Schätzungen über die gesicherten Ölvorkommen in Afrika belaufen sich auf 112 Mrd. Barrel, so viel wie im Irak, womit der Region inzwischen eine erhebliche Bedeutung zukommt."

20015 werden 25% (16%) des amerikanischen Öls aus Afrika kommen. „Diesem wirtschaftlich-strategischen Interesse durch amerikanische Truppen vor Ort Nachdruck zu verleihen, liegt nahe", so Thomas Mitsch. Mit Afrika als Rohstofflieferant könnten die USA ihre Abhängigkeit vom Persischen Golf minimieren, nachdem die Versorgungssicherheit und die Politischen Beziehungen gerade zu Saudi Arabien und Staaten wie Kuwait oder Irak, in denen wahabistische Bewegungen erstarken oder der islamische Fundamentalismus Nährboden findet, nach dem 11. September 2001 stark gelitten haben.

„Der gegenwärtige Hauptmilitärstandort der US-Armee in Afrika wurde 2002 in Djibuti, am Horn von Afrika, gegründet. Von hier aus können die USA eine strategische Kontrolle über das Seefahrtgebiet, durch das ein Viertel der Weltölproduktion gelangt, ausüben. Djibuti liegt außerdem in der Nähe der sudanesischen Ölpipeline. Washington zeigt also eine immer größere Bereitschaft zur militärischen Durchsetzung seiner Interessen in Afrika, allein seit dem Jahr 2000 wurden zehn Militäroperationen durchgeführt." so Mitsch.

Das US-amerikanische Bedürfnis zu militärischer Präsenz zu zeigen beruht nicht ausschließlich auf den erläuterten Gründen der Rohstoffsicherung.

Öl wird weltweit in US Dollar gehandelt. Jeder Staat, der Öl importiert benötigt deshalb Devisenreserven in Dollar. Mittels dieser künstlich erzeugten Nachfrage nach Dollar wird das riesige amerikanische Außenhandelsdefizit erst möglich. Da die OPEC nun auf Bergen von

---

[37] „Mit der AFRICOM-Zentrale, die zunächst in den Kelly-Barracks in Stuttgart-Möhringen agieren wird, errichtet das US-Verteidigungsministerium ein eigenes Einsatzführungskommando für den afrikanischen Kontinent."

Thomas Mitsch: „AFRICOM. Stuttgart wird wichtigste US-Basis im Wettlauf um Afrikas Öl" im Internet: http://www.imi-online.de/download/TM-april07.pdf

[38] Ebd. nach „SF Schweizer Fernsehen Tagesschau, 7.2.2007"

„Das Africa Command wird unsere Bemühungen verstärken, den Menschen in Afrika Frieden und Sicherheit zu bringen und unsere gemeinsamen Ziele von Entwicklung, Gesundheit, Bildung, Demokratie und wirtschaftlichen Fortschritt in Afrika voranzutreiben", erklärte US-Präsident George Bush am 06.02.2007 in Washington.

Dollars sitzen, strömt Kapital über die OPEC in US Anlagemärkte. Laut einer Studie aus dem Jahr 1999 „bildet das Hereinströmen internationaler Fonds mittlerweile "die Hauptstütze des US-amerikanischen Wohlstands".[39] Ohne den US Dollar als weltweite Leitwährung könnten die USA die enorme Verschuldung ihres Staates und ihrer Konsumenten nicht mehr finanzieren.[40]

Das Land am persischen Golf, welches die Vitalen Interessen der USA am stärksten bedrohn kann, ist der Iran. Die Pläne von 2006, eine Ölbörse IOB in Euro zu etablieren sind für den Dollar keine ernstzunehmende Gefahr. Der Iran ist am persischen Golf aber in einer strategisch wichtigen Position indem er erstens alle Golfanrainer bedrohen kann, die in der Summe 60 Prozent der Weltreserven unter sich wahren. Der Iran kann die Straße von Hormus blockieren, über die 40 Prozent der Weltweiten Öltransporte laufen. Iran aufgrund seiner antiwestlichen Haltung und der engen Bindung an China eine unangenehme Tendenz für den Westen. Die Vorwürfe im Zusammenhang mit atomaren Anreicherungsanlagen werden nicht die letzten Aversionen gegen das Land sein.

e) China

Ressourcensicherung hat für das Land, das sein BIP seit Anfang der 90er alle 7 Jahre verdoppelt einen eben so hohen Stellenwert erlangt, wie in den USA. Zeitgleich zu den öffentlichen Ambitionen der USA steckte auch China seine Interessen auf dem Afrikanischen Kontinent ab. Die Vorbereitung der planmäßigen Erschließung der afrikanischen Ölquellen ist offensichtlich weniger aggressiv als die der USA. Der China-Afrika Gipfel und die diplomatischen Reisen[41] des Präsidenten Hu Jintao erwecken mit symbolisch wirkungsvolle Gesten vor allem das Vertrauen der afrikanischen Regierungschefs. Allein der Umgang, der

---

[39] D'Arista, Jane: Die internationalen Kapitalströme und das amerikanische Kapitalkonto
Im Internet: http://www.wsws.org/de/2000/aug2000/ekon-a31.shtml
Beams, Nick: Das Rekord-Außenhandelsdefizit der USA ist ein Symptom tieferer Wirtschaftsprobleme. 2000

[40] Vgl. im Internet: http://www.spiegel.de/wirtschaft/0,1518,405160,00.html
Die Ölbörse des Iran wäre vom Umfang Marginal und die Länder der Welt würden das Risiko auf Euro „umzustellen" noch nicht eingehen.
[41] Von Follath S.29 als „weltweit aggressive Einkaufstour" bezeichnet

die Einmischung in innere Angelegenheiten ausschließt, kommt bei den Afrikanern gut an.[42] Investitionsabkommen, hohe Kreditvergaben und Handelsabkommen ohne daran gebundene Bedingungen sollen die Beziehungen zwischen China und Afrika verdichten. „Afrika exportiert [laut Matthias von Hein] Rohstoffe, insbesondere Rohöl und unverarbeitete Metalle. Im Gegenzug importiert es dafür chinesische Konsumgüter wie Kleidung, Plastikprodukte oder Elektrogeräte." Der „versprochene" Wirtschaftsaufschwung in den nach Jahrzehnten der Unterdrückung euphorischen Staaten des schwarzen Kontinents wird sich so nicht einstellen können und die gesellschaftlichen Verwerfungen forcieren.[43] Die Zusammenarbeit mit Regimes, die keinen Wert auf Menschenrechte legen und deren politischer Schutz sind schon jetzt problematisch. Die Darfurkrise im Sudan ist das Paradebeispiel für dieses Problem. In gewisser Hinsicht könnte man die Chinesische Vorsorge dennoch als aggressiv oder zumindest als Rücksichtslos einstufen. Follath[44] sieht das Chinesische Jahrhundert trotz aller Vorsorge in Gefahr, denn das Angebot werde in absehbarer Zeit die Nachfrage nicht befriedigen können. Die Sicherung der Quellen rückt somit auch für die asiatische Supermacht in den Fokus. Die derzeitigen militärischen Kapazitäten sind zwar noch begrenzt, allerdings weist der Zuwachs des Rüstungsetats auf die zukünftig steigende Bedeutung des chinesischen Militärapparates hin.

Die weltweite Konkurrenz zwischen den Importeuren findet nicht allein unter den USA und China statt: Indien, Japan und Europa sind in diesem Wettbewerb ebenso vertreten.

---

[42] Das Statement des ugandischen Staatschefs Yoweri Museveni beim Afrika-Gipfel in Peking sprach für sich: "Die regierenden Klassen des Westens sind arrogant, und überheblich. Sie mischen sich in die Angelegenheiten anderer Leute ein, während die Chinesen bloß mit dir handeln."

Der Staatspräsident von Botswana, Festus Mogae, zeigte sich beeindruckt: "Ich finde, die Chinesen behandeln uns ebenbürtig. Der Westen behandelt uns als ehemalige Untertanen. Ich bevorzuge die Haltung der Chinesen."

von Hein, Matthias: China 30.01.2007 Hu Jintao: Afrikas Lieblingsgast
Internet: http://www.dw-world.de/dw/article/0,2144,2331283,00.html

[43] Auf dem Weltsozialgipfel in Nairobi fragte der kenianische Sozialwissenschaftler Isaac Mbeche daher kritisch: "Will die chinesische Regierung eine ernsthafte Partnerschaft mit den Ländern Afrikas, oder will sie nur Afrikas Rohstoffe ausbeuten?"
Siehe 42
[44] Follath S.38f.

f) Russland

Russland versteht es seit der Präsidentschaft Wladimir Putins, seine reichlichen Öl- und Gasreserven als politisches Machtinstrument zu nutzen. Mit der Verstaatlichung der russischen Rohstofffirmen wie Gazprom sieht die ehemalige Blockmacht seine Chance zum Wiederaufstieg zur Supermacht. Der Zugang zu Öl und Gas spielt als Bestimmungsfaktor für internationale Kräfteverhältnisse eine zunehmende Rolle.[45]

Dass Russland seine Lieferung durch die Gas-Pipelines aus politischen Erwägungen als Druckmittel einsetzen wird, hat der Präzedenzfall Ukraine 2006 aufgezeigt, wie sich Russland gegen die Verkleinerung seines Einflussbereiches zur Wehr setzt. Ein umfangreiches Maschennetz aus Gasleitungen bindet die Anrainerstaaten der GUS wirtschaftlich (und politisch) an Russland.[46] „Wladimir Putin, hat es beim G8-Gipfel 2006

in St. Petersburg klar zum Ausdruck gebracht: „Russland muss danach streben, die Weltführung auf dem Gebiet der Energie z übernehmen."

Auseinandersetzungen (irgendwann auch kriegerisch) werden dabei mit anderen Nationen nicht ausbleiben."[47]

d) Europa

Als letzten Punkt in dieser Überschau wird Europa als Energieimporteur gemustert. Die europäische Förderung ist seit Jahrzehnten rückläufig, was für die Europäer eine Ausrichtung der Energiepolitik nach Außen bedeutet. Im Jahr 2030 werden 90% des Öls und 70% des Gases importiert werden müssen.

Der größte Energiewirtschaftliche Partner ist derzeit Russland. Die Bedenken gegen eine zu starke Ausrichtung auf einen Partner sind bekannt, so wird die Außenpolitik der EU anfällig für Zugeständnisse an Russland, deshalb ist eine weitere Diversifizierung geplant.[48] Aus

---

[45] Vgl. Follath S. 43:
Andrew Kuchins, "Russland werde dadurch in der Lage sein, jenseits seiner eigentlichen Gewichtsklasse zu boxen."
Jurij Fedorow: Das 21. Jahrhundert werde durch einen „Krieg um Ressourcen" geprägt sein.

[46] Turkmenistan für 25 Jahre, Usbekistan, Kasachstan für 20 Jahre
[47] Industrie- und Edelmetalle. Chancen für heutige und folgende Generationen?
Im Internet: http://www.meister-finanzstrategen.de/media/download_gallery/2007-10-29_CRYSTAL_Prospekt_A4.pdf
[48] Mittlerer Osten, Afrika, GUS

benannten Gründen versucht die EU die östlichen Nachbarn in die europäische Sicherheitsstrategie einzubinden, was sich als sehr schwierig erweist.[49]

Im European Defense Paper [50] werden Szenarien durchgespielt, in denen Staaten die Ölsicherheit Europas aktiv beeinträchtigen. Die theoretische Basis für militärische Gegenmaßnahmen ist bereits gelegt.[51] Doch „noch fehlt es der EU an militärischer „Eskalationsdominanz""[52]. Deshalb sieht der Europäische Sicherheitsapparat die Beteiligung der Us-army vor, denn „was der Wirtschaft unserer (aus Perspektive der USA) Alliierten hilft, hilft auch unserer Wirtschaft"[53] In diesem Sinne steht die Europäische Gemeinschaft aber auch als Trittbrettfahrer der USA – Mittelostpolitik mehr oder weniger geschlossen hinter den Entscheidungen aus Washington.

Neben den kriegerischen Maßnahmen sieht die Europäische Strategie vorbeugend den Export von Stabilität vor, um Handelswege und Transitrouten zu sichern.[54] Das beste Exempel für die Anwendung dieser Strategie ist Einsatz europäischer Soldaten (EUFOR) während der ersten freien demokratischen Wahlen 2006 im Kongo.

---

[49] Zumach S.190
[50] „In der sog. Europäische Sicherheitsstrategie einigten sich die EU-Staatschefs Ende 2003 auf ein gemeinsames Strategiepapier. Dieses ist die Grundlage für das sog. „European Defence Paper" (EDP), das der EU-Rat beim Institut für Sicherheitsstudien in Auftrag gegeben hat."

Gerald Oberansmayr: **Das Imperium plant den Krieg"** European Defence Paper " im Auftrag es EU-Rates bereitet "Expeditionskriegszüge" vor
im Internet: http://www.uni-kassel.de/fb5/frieden/themen/Europa/oberansmayr2.html

[51] „In einem Staat X am Indischen Ozean haben antiwestliche Elemente die Macht erlangt und benützten das Öl als Waffen, vertreiben westliche Bürger und greifen westliche Interessen an. Darüber hinaus haben sie mit der Invasion des Nachbarlandes Y begonnen, dessen Regime pro-westlich orientiert ist und eine zentrale Rolle beim freien Fluss von Öl in den Westen spielt. ... Die EU interveniert gemeinsam mit den USA mit einer starken Streitmacht, um das land Y zu unterstützen und ihre eigenen Interessen zu schützen. ... Das militärische Ziel der Operation ist es, das besetzte Territorium zu befreien und Kontrolle über einige der Öl-Infrastrukturen, Pipelines und Häfen des Landes X zu bekommen. ... Der EU-Beitrag besteht aus 10 Brigaden (60.000 Soldaten). Diese Landstreitmacht wird von 360 Kampfflugzeugen und zwei maritimen Einheiten, die aus 4 Flugzeugträgern, 16 amphibischen Schiffen, 12 U-Booten, 40 Schlachtschiffen, 2 Unterstützungsschiffen und 20 Patrollienschiffen bestehen, unterstützt." (S. 84)
Quelle: siehe 52
[52] Institut für Sicherheitsstudien, European Defence – A proposal for a White Paper, Mai, 2004, S.105
[53] Follath S.10
[54] „Stabilitätsexport zum Schutz der Handelswege und des freien Flusses von Rohstoffen"
Institut für Sicherheitsstudien, European Defence – A proposal for a White Paper, Mai, 2004, S.13

5. Kurze Zusammenfassung

Die Vorgestellten Aspekte haben deutlich gemacht, welches Konfliktpotenzial in der Förderung, dem Transit und der Verteilung von Öl steckt. Grundlegender Aggressionstrieb ist bei den Industrieländern die wirtschaftliche Selbsterhaltung, welche die Basis für moderne Staaten darstellt. Der Umgang mit dem begrenzten Rohstoff Öl ist sowohl für die Förderländer als auch für die Importeure heimtückisch und kann zur Bedrohung für den Weltfrieden werden. Das Konfliktfeld ist zu vielgestaltig, um zum jetzigen Zeitpunkt aussagen zu treffen, wann, wo und ob überhaupt Rohstoffpolitik zur Gewalt eskalieren wird. Fest steht allerdings dass sich das politische Umfeld immer stärker an Rohstoffrelevanten Aspekten orientieren wird.

Das friedlichste vorstellbare Szenario sieht vor, dass es die Staaten der Erde schaffen, den Übergang zu alternativen Energiequellen zügig voran zu treiben und ihre gefährliche Abhängigkeit zu dem schwarzen Gold aufgeben.

6. Literatur

a) Primäre Literatur

Follath, Erich / Alexander Jung (Hgg.): Der neue Kalte Krieg. Kampf um die Rohstoffe. Bonn 2007

Gresh, Alain u.a. (Hgg.) Le Monde diplomatique. Paris 2006

Institut für Sicherheitsstudien, European Defence – A proposal for a White Paper, Mai, 2004

Parra, Francisco: Oil Politics – a Modern History of Petroleum. I.B. Tauris. New York 2004

Seifert, Thomas / Werner, Klaus: Schwarzbuch Öl. Eine Geschichte von Gier, Krieg, Macht und Geld. Bonn 2006

Thomas Mitsch: „AFRICOM. Stuttgart wird wichtigste US-Basis im Wettlauf um Afrikas Öl" im Internet: http://www.imi-online.de/download/TM-april07.pdf

Zumach, Andreas: Die kommenden Kriege. Ressourcen, Menschenrechte, Machtgewinn – Päventivkrieg als Dauerzustand? Köln 2005

b) Weiterführende Literatur und Internetadressen:

Beams, Nick: Das Rekord-Außenhandelsdefizit der USA ist ein Symptom tieferer Wirtschaftsprobleme. 2000

D'Arista, Jane: Die internationalen Kapitalströme und das amerikanische Kapitalkonto Im Internet: http://www.wsws.org/de/2000/aug2000/ekon-a31.shtml

von Hein, Matthias: China 30.01.2007 Hu Jintao: Afrikas Lieblingsgast im Internet: http://www.dw-world.de/dw/article/0,2144,2331283,00.html

http://www.meister-finanzstrategen.de/media/download_gallery/2007-10-29_CRYSTAL_Prospekt_A4.pdf

Industrie- und Edelmetalle. Chancen für heutige und folgende Generationen?

Gerald Oberansmayr: Das Imperium plant den Krieg" European Defence Paper" im Auftrag es EU-Rates bereitet "Expeditionskriegszüge" vor
im Internet: http://www.uni-kassel.de/fb5/frieden/themen/Europa/oberansmayr2.html

Klare, Michael T.: Die Militarisierung der US-Energiepolitik / Garrisoning the Global Gas Station Challenging the Militarization of U.S. Energy Policy
Im Internet: http://www.uni-kassel.de/fb5/frieden/regionen/USA/energie.html

Mildner, Stormy; Umbach, Frank: Die Sicherheit der internationalen Energieversorgung: außen- und sicherheitspolitische Herausforderungen nach dem 11. September 2001. Deutsche Gesellschaft für Auswärtige Politik. 2002

Mir A. Ferdowsi: Weltprobleme. München 2007

Parra, Francisco: Oil Politics – a Modern History of Petroleum. I.B. Tauris. New York 2004

Rogers, Jim: Rohstoffe. Der attraktivste Markt der Welt. Wie jeder von Öl, Kaffe und co. Profitieren kann. München 2005

Ross, Michael L.: "Does Oil hinder Democracy?" In: World Politics 53. 2001. S.325-316
Im Internet: http://www.sscnet.ucla.edu/polisci/faculty/ross/doesoil.pdf
                http://www2.ids.ac.uk/gdr/cfs/pdfs/Ross.pdf   "Does   Taxation   Lead   to
                Representation?"
Ross, Michael L.: „Natural Resources and Zivil War: An Overview" 2003
Im Internet: http://www.polisci.ucla.edu/faculty/ross/WBpaper.pdf

Rudolph Jörg-M.: Wenn China über die Welt kommt … . Die Chinesen ihre Gesellschaft, Staat, Partei und Wirtschaft. Wiesbaden 2005
http://www.n-tv.de/Opec_aeusserst_besorgt_Furcht_vor_IranEffekt/100720083818/992308.html
http://www.uni-kassel.de/fb5/frieden/regionen/USA/energie.html
http://www.gegenstandpunkt.com/gs/02/4/carter-x.htm
http://www.spiegel.de/wirtschaft/0,1518,405160,00.html
http://www.n-tv.de/Opec_aeusserst_besorgt_Furcht_vor_IranEffekt/100720083818/992308.html

DIE ZEIT, 08.02.1980 Nr. 07

Im Internet: http://www.zeit.de/1980/07/USA-Carter-Doktrin-geht-ins-Geld